Instrumento Para Evaluar la Calidad de Un Trabajo de Investigación

DR. JOSÉ SUPO

&

Sociedad Hispana de Investigadores Científicos

www.sincie.com

Instrumento Para Evaluar la Calidad de Un Trabajo de Investigación

Primera edición: Junio del 2015

Editado e Impreso por BIOESTADISTICO EIRL
Av. Los Alpes 818. Jorge Chávez, Paucarpata, Arequipa, Perú.

Hecho el depósito legal en la Biblioteca Nacional del Perú.

N ° 2016-05710

ISBN: 1530931207
ISBN-13: 978-1530931200

AUTORES

Adriana Sacoto Encalada	Ecuador
Alejandro Rolando Duran Nieva	Perú
Alma Guadalupe Arellano Meneses	México
Anatolia Hortencia Hinojosa Pérez	Perú
Antonio Samaniego Pinho	Paraguay
Bertha Lucila Campos Ríos	Perú
Boanerge Salas Muñoz	Colombia
Carlos Antonio Pabón Galán	Colombia
Carmen Fabiana Tataje Contreras	Perú
Cesar Augusto Hernández Suárez	Colombia
Claudia Karina Guevara Cordero	Perú
Daniel Villamizar Jaimes	Colombia
Dolores Hercilia Rimarachín Díaz	Perú
Edilia Dilmery Chamorro Acosta	Colombia
Ernesto Bolívar Martínez Trujillo	Ecuador
Ernesto Geovani Figueroa González	México
Estela Vicenta Castillo Silva	Perú
Gabriel Jorge Carlos Reyes	Perú
Gerson Adriano Rincón Álvarez	Colombia
Gladys Esther Patiño Villalva	Ecuador
Gloria Elvira Torres Ordoñez	Perú
Gloria Ruiz Guzmán	México
Héctor Rafael Ochomogo García	Guatemala
Héctor Raúl Zacarías Ventura	Perú
Hilda Angélica Del Carpio Ramos	Perú
Jaime Edgar Miranda Benavente	Perú
Javier Alonso Trujillo	México

Javier Cabrera Mejía	Ecuador
Jorge Alejandro Obando Bastidas	Colombia
Jorge David Alvarado Andrade	Guatemala
Jorge Flores Barbosa	México
Jorge Hernán Gómez Espinosa	Colombia
Jorge Luis Torres Fernández	Perú
José Antonio Supo Condori	Perú
José Luis Vilchis Moreno	México
Judith Francisca Silvia Avelino Huerta	México
Laura Hermila de la Garza Salinas	México
Leonardo Rafael Álvarez Mercado	Colombia
Luis Andrés Montenegro Saldaña	Perú
Luz Angélica Angulo Ríos	Perú
María Elizabeth Rábago Sánchez	México
María Gladys Romero Quiroga	Colombia
María Luisa Cely Vargas	Colombia
María Martina Kantún Can	México
Martha Ofelia Valle Solís	México
Mary Ysabel Candiotte Ycaza	Perú
Mónica Virginia Alvarado Romero	Perú
Néstor Antonio Gallegos Ramos	Perú
Oscar Alejandro Cuya Matos	Perú
Rafael García Jiménez	Colombia
Rosendo Gerardo Carrasco Gutiérrez	México
Roxana Tereza Moreno Torres	Perú
Verónica Benítez Guerrero	México

DEDICATORIA

A los investigadores, que aportan al conocimiento y a la construcción del método investigativo…

A los que pretenden con la ciencia mejorar el mundo.

CONTENIDO

Prólogo al Instrumento

En primer término quiero agradecer la inmerecida deferencia que me hace el Dr. José Supo para la presentación del libro titulado "Instrumento para evaluar la Calidad de un Trabajo de Investigación" que considero será de gran utilidad para la comunidad científica en general, pero especialmente para los que nos dedicamos al campo de las Ciencias de la Salud en el área del conocimiento de la medicina.

A mi juicio la primera advertencia es que los revisores deben tener un perfil académico y profesional que los acredite para ese quehacer.

Se trata de un instrumento que recomienda, al inicio, una evaluación de carácter cualitativo al utilizar la entrevista como primer contacto con el alumno o postulante, dándose así una idea de la línea de investigación.

El puntaje de calificación cubre adecuadamente los aspectos básicos indispensables de la metodología científica y estadística; brinda además los elementos para identificar el tipo, nivel y diseño del estudio en que el alumno sitúa a su proyecto, así como la congruencia que debe haber entre éstos, el propósito del estudio, el objetivo y el análisis estadístico del mismo.

En el instrumento están también los elementos para conocer si el alumno seleccionó e identificó adecuadamente su población de estudio o si está debidamente justificado el utilizar una muestra de la misma.

La segunda parte del libro, El Informe Final, refleja la gran experiencia del autor en la academia y en las aulas universitarias, así como en publicaciones de carácter científico y académico, que brindan al asesor y/o revisor una excelente guía de evaluación.

La Sustentación, como tercer componente del libro, ofrece al jurado evaluador una serie de recomendaciones que le permitirán conocer el dominio que tiene el alumno sobre el tema a tratar.

La última parte del libro referente a la evaluación de la calidad de un trabajo de investigación, considero es un procedimiento acertado para llevarlo a cabo en las instituciones de educación superior que deseen contar con un instrumento confiable de evaluación, ya que toma en cuenta, en cierto grado las circunstancias socioculturales y en mayor grado las académicas de cada institución.

Para terminar esta presentación, me permito felicitar al Dr. José Supo por la gran utilidad que representa este libro, ya que nos proporciona guías de evaluación de trabajos de investigación, que pueden unificar criterios en la academia, comités de investigación, comités técnicos institucionales y eventos de carácter científico- académico, como congresos, reuniones, concursos académicos, etc. donde frecuentemente se disiente en los criterios a aplicar en las evaluaciones de los mismos.

Dra. Ma. Elizabeth Rábago Sánchez
Intensivista Pediatra
Doctorado en Ciencias Médicas
Investigadora y Docente de la Universidad Juárez del Estado de Durango
México.

Prólogo al Masterclass

Con la finalidad de una formación en metodología de la investigación y bioestadística, me di a la tarea de buscar en internet páginas relacionadas con ambas ramas de la ciencia, con la suerte de encontrar un día la página de "Bioestadístico.com", nunca me imaginé el cambio tan radical que tendría mi vida profesional relacionada con la docencia y la investigación, encontré tutoriales muy didácticos, y hasta me atrevo a decir, fáciles de lo que hasta entonces me costaba trabajo comprender.

Fue así que me inscribí al primer Programa de Entrenamiento en el Análisis de Datos y la Metodología de la Investigación Científica, posteriormente recibí y cursé todos los programas de entrenamiento, mi estatus académico se vio beneficiado.

Me tocó formar parte de la transición la Sociedad Peruana de Bioestadística e Investigación en Salud, a la Sociedad Hispana de Investigadores Científicos (SINCIE) en el año 2013.

En abril del año 2014, recibí una invitación personal del Doctor José Supo, a participar en el evento denominado "BIOESTADÍSTICO MASTER CLASS – Docencia en Investigación Científica" que se llevó a cabo en junio del mismo año en la ciudad de México.

Recuerdo que cuando llegué al hotel sede e ingresar al aula asignada al evento, me recibió el doctor Supo, quien me saludó por mi nombre, fue un saludo cordial, por fin conocía al ser humano a quien tanto le debía, le di un abrazo y manifesté la gran admiración y respeto que sentía hacia su persona.

En este evento tuve la distinción de recibir dos reconocimientos, uno como diplomado y otro como especialista en Investigación Científica por haber completado los doce entrenamientos que hasta esa fecha se habían realizado. En abril de 2015, nuevamente recibí una invitación a participar en el evento denominado "BIOESTADÍSTICO MASTER CLASS – Evaluación de la Calidad de un Trabajo de Investigación" que se llevaría a cabo en la ciudad de Bogotá, Colombia. El producto de esta cumbre anual sería desarrollar un instrumento para evaluar la calidad de un trabajo de investigación, ya sea una tesis o un artículo de revista científica.

El resultado es este libro, el cual proporciona herramientas que garantizan la calidad de un trabajo de investigación, se ha diseñado un texto comprensivo que cubre los temas particularmente importantes como: definir la línea de investigación, delimitar la población y propósito del estudio, construir cuadro de variables, el marco teórico, hipótesis, objetivos, seleccionar el grupo de estudio, técnicas de recolección de datos, cómo producir mediciones controladas. También aborda temas relacionados con el informe final, la sustentación y finalmente cómo evaluar la calidad de un trabajo de investigación.

La presente obra es una muestra del compromiso del Doctor José Antonio Supo Condori y de la Sociedad Hispana de Investigadores Científicos hacia la comunidad científica. Integra la experiencia profesional con la generación de conocimiento.

Dr. Rosendo Gerardo Carrasco Gutiérrez

Profesor Investigador

Benemérita Universidad Autónoma de Puebla

México

Introducción

Durante mucho tiempo se consideró a la investigación científica como una actividad de unos pocos, desconociendo que es una actividad inherente a todo profesional. Incluso en las instituciones que promueven con vehemencia esta disciplina, se enseña de manera desarticulada, los cursos de estadística y metodología de la investigación.

Es por esto que nace la Sociedad Hispana de Investigadores Científicos, una organización científico académica sin fines de lucro, cuyo principal objetivo es lograr integrar los conceptos metodológicos y estadísticos que provienen de las distintos campos del conocimiento, con la finalidad de alcanzar un consenso para el aprendizaje y el desarrollo de la ciencia.

Existen dos razones para desarrollar un estudio, la primera y la más conocida, es la que exigen las revistas científicas, una revista científica espera que, el investigador publique un hallazgo innovador, que permita nutrir las líneas de investigación que la revista alberga, ello en función a su propia línea editorial.

La segunda razón para que un académico desarrolle un estudio, es su propia graduación, mediante el desarrollo de una tesis, la misma que debe ser evaluada, no solo en documento; esto porque la finalidad de una tesis, es evaluar las capacidades investigativas de un alumno.

Pero entonces, ¿En qué momento debe el alumno desarrollar sus capacidades investigativas? La respuesta es, durante sus años de estudio, en los cuales debería desarrollar tantos estudios como sean necesarios para desarrollar su capacidad investigativa.

Entonces aquí la palabra clave es "capacidad investigativa"; cuando un alumno lleva a cabo uno o más estudios, se encuentra desarrollando su "capacidad investigativa", cuando este mismo alumno termina sus estudios, la tesis tiene por finalidad evaluar su "capacidad investigativa", pero cuando presenta su trabajo a una revista, lo que se evalúa son sus hallazgos.

Esto no impide que un alumno de pregrado pueda presentar su trabajo de investigación a una revista científica, de hecho sería lo deseable, siempre que, su capacidad investigativa se lo permita, la ventaja en este caso, es que un alumno tiene el apoyo de sus docentes para mejorar sus habilidades a la hora de investigar.

El instrumento Para Evaluar la Calidad de Un Trabajo de Investigación, tiene como objetivo primario Evaluar la Capacidad Investigativa del Alumno, ya sea que, se trate de un estudio llevado a cabo en el desarrollo de su carrera universitaria; o de la tesis que tiene que presentar para alcanzar una licenciatura, un título, un grado o una especialidad.

Primero lo primero; esto significa que el trabajo de investigación debe haber sido desarrollado con un método adecuado; y un análisis de datos preciso y exacto; sí y solo sí, se cumple lo primero, nos interesaremos en las conclusiones, porque de nada sirve un hallazgo relevante, alcanzado un método erróneo o equivocado.

Utilícese este manual con cautela, discuta su contenido con sus colegas cada vez que pueda, difunda entre sus alumnos su contenido, únase a la Sociedad Hispana de Investigadores Científicos, para discutir su contenido, entre todos nosotros, nunca dejaremos que este manual tenga una edición final.

Primera Parte

El proyecto de investigación

Un proyecto de investigación es, un detallado plan para completar un propósito concreto dentro de una línea de investigación. A nivel académico corresponde al plan de tesis, y debe ser elaborado por quién postula a un grado académico o título profesional y revisado por un jurado compuesto por docentes investigadores, a fin de asegurar su idoneidad, desde el punto de vista académico, metodológico y estadístico.

En la mayoría de los casos, los proyectos de investigación, tienen tantos errores de forma como de fondo que, en pro de una mejora continua en el desarrollo de un trabajo de investigación, vamos a enfocarnos preliminarmente en la evaluación del fondo o contenido, y dejaremos la revisión de las comas y puntos, solo para los casos en que, el desarrollo del contenido sea satisfactorio.

La evaluación de un proyecto de investigación cuenta con diez criterios, los tres primeros están relacionadas al enunciado de estudio, y son la línea de investigación, el propósito del estudio y la población de estudio, aunque en el enunciado aparecen en distinto orden: propósito del estudio, línea de investigación (variables analíticas) y población de estudio.

La evaluación de un proyecto de investigación comienza con una entrevista y solamente después de obtener un resultado satisfactorio por parte del postulante, entonces se procede a la verificación del contenido de sus respuestas en el documento denominado proyecto de investigación, solo en esos casos, se procede a asignar un puntaje a la evaluación.

En caso de no cumplir satisfactoriamente con algunos de los diez criterios para evaluar la calidad de un proyecto de investigación, se procede a dar las recomendaciones respectivas, lo cual deberá quedar registrado en una ficha de evaluación, entregando una copia al alumno, y quedando una copia con el revisor, para fines administrativos.

En una segunda visita el postulante deberá haber completado el cien por ciento de las observaciones realizadas en la primera visita, siendo así el jurado o dictaminador deberá aprobar el proyecto de investigación para su ejecución y no buscar nuevos errores, porque de hacerlo se creará un bucle de circulación interminable.

El criterio número diez solamente se evalúa en los estudios prospectivos, aquellos donde el investigador tiene que realizar sus propias mediciones, para todos los demás casos, los diez criterios de este manual evalúan el contenido y no el contenedor; evalúan el fondo y no la forma; las formas deberán ceñirse al reglamento de tesis de cada universidad.

Criterio número 1. La línea de investigación

Todo trabajo de investigación se desarrolla dentro de un campo del conocimiento, área del conocimiento y línea de investigación. Por ejemplo, el campo de las ciencias de la salud, el área del conocimiento de la medicina y la línea de investigación a libre elección del autor del estudio.

El autor del estudio debe demostrar **dominio en el tema** que ha elegido, en su línea de investigación de acuerdo al grado o título que está postulando, considerando que el nivel de conocimiento, no es el mismo en un estudiante de pregrado a un posdoctorado, ese mismo dominio debe estar plasmado en el plan de tesis o proyecto de investigación.

La línea de investigación debe estar enmarcada dentro de su especialidad, futura especialidad, o ámbito de desempeño profesional, del autor, en la cual es un referente, y cuenta con el aval de su productividad, intelectual y/o científica; un certificado de capacitación, una constancia de trabajo o una constancia de pasantía son buenos indicadores.

Identifica la problemática más frecuente en el ámbito laboral o futuro ámbito laboral, la línea de investigación está relacionada con los problemas que afectan a los propios pacientes, con los que el investigador tiene contacto directo, o afecta directamente al investigador, a su entorno a su desempeño, a su trabajo cotidiano.

Puntuación. El alumno gana un punto si responde con precisión dos preguntas: ¿Cuál es tu línea de investigación? o su equivalente ¿**Qué** es lo que estás estudiando? y ¿**Por qué** estás estudiando ese tema? Las respuestas no solo deben ser concretas, sino que, deben aparecer explícitamente en el plan de tesis o proyecto de investigación.

Criterio número 2. El propósito del estudio

El alumno debe responder a la pregunta **¿Qué es lo que deseas conocer?** El propósito del estudio se refiere a la finalidad cognoscitiva, de un estudio dentro de una línea de investigación, por lo tanto la respuesta debe involucrar necesariamente a su línea de investigación.

Este propósito debe ser muy claro, objetivo, concreto, simple y único, deben existir parámetros que, permitan evaluar si se ha alcanzado o no, al final del estudio, no puede haber más de un propósito en un mismo estudio, puesto que todo el método investigativo, está enfocado en un solo punto de su línea de investigación.

La pregunta ¿Qué es lo que deseas demostrar? es errónea, puesto que parte de la premisa de que, el alumno está poniendo a prueba una hipótesis, y esto es, solo una intención analítica, que no necesariamente será el interés del investigador. Recordando que las intenciones analíticas son: prueba de hipótesis y estimación puntual.

El concepto de **finalidad cognoscitiva** es aplicable únicamente a la investigación pura o básica, es decir a los niveles investigativos: exploratorio, descriptivo, relacional, explicativo y predictivo, mas no para el nivel aplicativo. En este último caso el propósito del estudio está mejor definido por la especificidad del estudio.

Puntuación. Los alumnos que, expresan con claridad el propósito del estudio, el deseo de conocer un aspecto puntual dentro de su línea de investigación, y si esta especificidad aparece en el enunciado de su estudio, gana un punto. Para los casos en que el estudio es de nivel aplicativo, la pregunta será **¿Qué es lo que deseas mejorar?**

Criterio número 3. La población de estudio

El alumno debe responder a la pregunta **¿Cuál es tu población de estudio?** En relación a dos aspectos: Concepto y número; Se debe definir conceptualmente los individuos que conforman la población de estudio: por ejemplo, los pacientes con diabetes, los pacientes con diabetes gestacional.

La amplitud o especificidad de su población de estudio, deberá estar en concordancia con el ámbito de su desempeño académico, laboral o colaborativo, con la institución encargada de atender a los pacientes, usuarios o clientes que define su población de estudio. El autor debe tener contacto directo con los individuos que conforman su población de estudio.

Número. ¿Cuántos individuos conforman tu población de estudio? Desde antes de plantear cualquier intención investigativa, el autor del estudio debe saber el número de individuos que conforman su población, porque después de ello determinará si, ese conjunto humano es alcanzable o no en términos de factibilidad.

De no existir un listado de las unidades de estudio (marco muestral), debe tener la certeza y demostrar de que esto es así, y no solamente desconocer el número porque no ha indagado lo suficiente. Para los casos en que no exista marco muestral debe hacer una aproximación en función a listados que si existen.

Puntuación. Los alumnos que definen conceptualmente a su población de estudio y conocen el número exacto de individuos que conforman su población de estudio, ganan un punto en la calificación, para los casos en que no existe marco muestral, debe expresar un aproximado e indicar el listado que les permitió hacer esa aproximación.

Criterio número 4. El cuadro de variables

Un cuadro de variables debe tener por lo menos cuatro columnas: en orden de presentación, las variables, los indicadores, los valores finales y el tipo de variable. En la columna **variables** se debe hacer un listado más o menos extenso, de acuerdo al criterio del investigador.

En la columna **indicadores** el investigador, selecciona la forma como planea encontrar los valores finales de cada variable, puede haber uno o más indicadores, y el número, así como la selección de los indicadores corresponde al grado de conocimiento que tenga el investigador, sobre su línea de investigación.

En la columna **valores finales** deben aparecer las categorías para las variables categóricas, y las unidades para las variables numéricas, en concordancia con los indicadores seleccionados en su columna correspondiente, y en la columna **tipo de variable** los nombres de categórica (nominal, ordinal) y numérica (continuas, discretas).

Los encabezados según el nivel investigativo son: nivel descriptivo (variables de caracterización y variable de interés), nivel relacional (variables asociadas y variable supervisión), nivel explicativo (variables independientes y variable dependiente), nivel predictivo (variables exógenas y variable endógena) nivel aplicativo (variables de calibración y variable evaluativa).

Puntuación. Un punto para los cuadros que cuentan con estas cuatro columnas, tienen un número y selección variables con criterio, expresan la dimensionalidad de las variables en sus indicadores, manifiestan los valores finales de su medición y expresan la relación entre variables, en los encabezados de las mismas. Un cuadro se presenta en una sola hoja.

Criterio número 5. El marco teórico

El primer componente del marco teórico es **el marco conceptual**, que es muy similar a un mapa conceptual, pero desarrollado, es decir que todos los conceptos que dan soporte teórico al trabajo de investigación, deben estar debidamente ordenados, jerarquizados y referenciados.

El marco conceptual no es una monografía, no se espera relatar lo novedoso del conocimiento; no es un ensayo, no requiere de las opiniones del autor, no es un glosario de términos, no se trata de rellenar los espacios faltantes, con texto copiado y pegado de alguna fuente de información; el marco conceptual es un mapa de conceptos.

El segundo componente del marco teórico son **los antecedentes investigativos**, el número y la selección de los mismos dependen del grado de conocimiento que tenga el investigador sobre su línea de investigación y la experiencia que aporta el tutor de tesis y sus respectivos asesores, solo los estudios exploratorios pueden ser carentes de antecedentes investigativos.

Los antecedentes investigativos deben ser vigentes (no actuales) es decir, que la información consignada en los mismos, aún es aplicable al momento en que se desarrolla el estudio y no necesariamente de los últimos cinco años, los jurados deben saber discernir, si un antecedente investigativo, se mantiene o no aún vigente.

Puntuación. Un punto para los estudios que conceptualizan cada variable del cuadro de operacionalización y a la teoría que sustenta los métodos de medición que utilizará para el desarrollo del estudio; además cuenta con antecedentes investigativos que sustentan el nivel investigativo en el que se encuentra el propósito del estudio.

Criterio número 6. La intención Analítica

La intenciones analíticas de un estudio, son: la prueba de hipótesis y la estimación puntual, de tal modo que, para los estudios en que no se plantee una hipótesis, se evaluará el plan de la estimación puntual acompañado de, sus respectivos intervalos de confianza.

Los estudios con hipótesis son aquellos cuyo enunciado es una proposición, entendiendo como proposición, a una oración que es susceptible de ser calificada como verdadera o falsa (juicios de valor); así que la presencia o ausencia de hipótesis en un estudio está relacionada con su enunciado y no con el tipo de estudio.

La hipótesis puede ser empírica o racional, las hipótesis racionales aparecen a partir del nivel investigativo explicativo y por encima de él, por lo tanto llevarán planteamiento y deducción; el planteamiento por lo general es un razonamiento argumentativo como, el razonamiento por analogía, uno de los criterios de causalidad de Bradford Hill.

Los estudios sin hipótesis, son aquellos cuyo enunciado no es una proposición, su enunciado no puede ser calificado como verdadero o falso; ello no implica que no exista inferencia, puesto que la inferencia está determinada por la estimación puntual, la cual deberá ser acompañada con sus respectivos intervalos de confianza al noventa y cinco por ciento.

Puntuación. Ganan un punto los estudios que deciden claramente, su intención analítica, ya sea la prueba de hipótesis o la estimación puntual, es tan contraproducente colocar una hipótesis a un estudio que no la necesita, como el omitir la hipótesis, a un estudio que si lo requiere, en ambos casos hay error.

Criterio número 7. Los objetivos del estudio

Todo trabajo de investigación, tiene solamente un objetivo inferencial, correspondiente y derivado del propósito del estudio, en concreto se trata de, la traducción operativa del propósito del estudio, sin embargo, es posible que para alcanzar este objetivo, se necesiten pasos intermedios.

El nombre de **objetivo específico** se deriva de la **especificidad del estudio** o finalidad cognoscitiva del estudio, se trata del único objetivo inferencial, del que se corresponde con el propósito del estudio, pero que se plantea en términos operativos, por esta razón comienza con un verbo en infinitivo.

Algunos lo denominan objetivo general u objetivo primario, pero su denominación es por demás irrelevante, lo más importante es que sea único y que permita alcanzar el propósito del estudio, que también es único; y que además esté relacionado con herramientas analíticas para poder ser alcanzado.

Es posible que, para alcanzar el objetivo específico se necesiten pasos intermedios, los cuales también pueden ser considerados objetivos, pero de segundo orden, se tratan de **objetivos operacionales** u objetivos secundarios, su número y conformación no son importantes, mientras representen el "paso a paso" para alcanzar el único objetivo inferencial.

Puntuación. Un punto para los estudios que traducen operativamente el propósito del estudio en un solo objetivo inferencial, y que opcionalmente pueden contar con objetivos correspondientes a pasos intermedios para alcanzar el único objetivo inferencial, los objetivos deben comenzar por un verbo en infinitivo.

Criterio número 8. La selección de la muestra

Si el número de unidades de estudio que serán incluidos en el estudio, no coincide con el número de unidades que conforman la población de estudio, entonces el autor del estudio debe justificar esta situación, solo existen tres razones que, pueden justificar tal actuación.

La población tiene un tamaño inalcanzable desde el punto de vista numérico, la población no cuenta con un marco muestral (listado de las unidades de estudio) o la población es inaccesible, desde el punto de vista operacional, solo en estos tres casos se acepta la utilización de una muestra y se deberá preferir el muestreo probabilístico sobre el no probabilístico.

De utilizar una muestra, todos los elementos que conforman población deben tener la misma probabilidad de conformar la muestra y de no ser así, identificar las causas de esta limitación, el autor debe eliminar la posibilidad de que, las unidades de estudio tengan algún control sobre la posibilidad de conformar la muestra.

Los criterios de elegibilidad, deben eliminar el sesgo de membresía, así como a variables que pueden interferir en el plan de análisis. En los estudios comparativos observacionales, se incluyeron variables intervinientes; en los estudios experimentales se realizó una aleatorización, y se evitó la perdida de las unidades de estudio.

Puntuación. Ganan un punto los estudios que estudian a toda la población y de no ser así, justifican debidamente el uso de una muestra, en los estudios descriptivos y relacionales incluyen un cálculo del tamaño de la muestra, incluyen elementos para controlar los sesgos de selección y de no ser así, justifican la ausencia de estos procedimientos.

Criterio número 9. La recolección de datos

Todo estudio requiere de datos para completar sus objetivos que consecuentemente ayudan a alcanzar su propósito, esto implica un adecuado uso de las técnicas de recolección de datos, las estrategias de recolección de datos y los procedimientos para recolectar datos.

Las técnicas de recolección de datos son esencialmente dos: la documentación y la observación científica, pero cuando la unidad de estudio es un individuo agregamos: la entrevista, la encuesta y la psicometría, todo estudio utiliza una o más de estas técnicas de recolección de datos, habitualmente presentadas en un cuadro.

Una misma técnica de recolección de datos puede aplicarse mediante diferentes **estrategias de recolección de datos**, por ejemplo una entrevista puede ser presencial o por teléfono; una encuesta puede ser autoadministrada o heteroadministrada, cada técnica señalada anteriormente debe estar acompañada por la estrategia correspondiente.

Los **procedimientos de recolección de datos**, corresponden al "paso a paso" de, cómo se aproximarán a las unidades de estudio, para obtener la información que se requiere en el estudio, por ejemplo, solicitar permisos institucionales, consentimiento informado a nivel individual, si habrá incentivos a las unidades de estudio, etc.

Puntuación. Ganan un punto los estudios que señalan una técnica de recolección de datos, para cada una de sus variables, acompañada por su respectiva estrategia de recolección de datos, y en un apartado distinto detalla el "paso a paso" de, cómo realizará todos estos procedimientos de una manera integrada.

Criterio número 10. El control de las mediciones

Evaluable en los estudios prospectivos: Lo ideal es que, quien realice las mediciones no sea el propio investigador (estudio ciego), de manera que se estará controlando el sesgo del observador, evitando el sesgo que nace del deseo del investigador de completar su intención analítica.

Para medir una misma variable, muchas veces existe más de un instrumento, uno mejor que el otro, haciéndose llamar instrumento patrón, estándar de oro o diagnóstico definitivo; en investigación científica se debe utilizar siempre este *gold standard*, y su alternativa solo por cuestiones de factibilidad, en cuyo caso debe anunciarse esa limitación.

El instrumento utilizado para realizar las mediciones debe estar calibrado, esto es requerido tanto para los instrumentos mecánicos como documentales, e indicar cuales fueron los procedimientos para calibrar los instrumentos, en caso de usar una técnica comunicacional, que estrategia se utilizó para evitar los sesgos de respuesta del individuo.

Los dos últimos sesgos corresponden al sesgo del evaluado que aparecen cuando utilizamos la entrevista, encuesta o psicometría, desde evitar el olvido de la información, hasta detectar las mentiras de los evaluados; y en los estudios de seguimiento, la pérdida prematura de las unidades de estudio, que sesgan las mediciones.

Puntuación. Ganan un punto los estudios que controlan los sesgos de medición, como la participación de terceros para ejecutar las mediciones, utilizar instrumentos patrón calibrados, utilizan estrategias para evitar el olvido o las mentiras de los evaluados, así como su adaptación del instrumento para completar las mediciones según lo planeado.

Segunda Parte

El informe final

El principio número uno, para evaluar un informe final de tesis, es reconocer que: el informe final de la tesis se publica, más el proyecto de investigación o plan de tesis no se publica, el informe final de tesis está catalogado como publicación primaria, tal como un artículo de revista científica, se trata de un documento formal desde el punto de vista científico y legal, ello le agrega un nivel de dificultad a su evaluación.

De esta manera el informe final de tesis, no solo debe cumplir requisitos de fondo o contenido, sino también de forma o de presentación formal, esta presentación formal la podemos dividir en dos niveles o grados de evaluación: el primero corresponde a los principios de la comunicación científica exigida por reglamentos como Vancouver o APA, y el segundo corresponde al reglamento de tesis de la universidad.

Un informe final de tesis, puede convertirse en un artículo de revista científica, pero no al revés, un informe final de tesis idealmente debe convertirse en un artículo de revista y por ello, los reglamentos de tesis, no solo deben adherirse a esta normas internacionales, sino que no deben contradecir principios universalmente aceptados.

Luego de la comunicación del título de la tesis, y la presentación del resumen, uno de esas pautas muy generalizadas es el uso del formato IMRD correspondiente a los capítulos de: Introducción (incluye la justificación, los objetivos y la hipótesis), Métodos (incluye material y métodos), Resultados Discusión, un esquema ampliamente aceptado, sin embargo poco práctico.

Por ello otros autores plantean: Objetivos, Métodos, Resultados y Conclusiones, éstos no corresponderían necesariamente a capítulos, pero es un esquema mucho más razonable, aunque sigue siendo incompleto, de tal modo que, con fines de evaluación del informe final integraremos estas dos versiones y los complementaremos en un esquema práctico.

Estos son los 10 elementos a evaluar en un informe final de tesis: el título, el resumen, la introducción (justificación), los objetivos, los materiales, los métodos, los resultados, la discusión, las conclusiones y las recomendaciones; todo esto no es más que una integración más ordenada que, los dos planteamientos anteriores.

Citas y referencias para cumplir con las reglas de redacción y los derechos de autor son determinantes, solo si se cumplen los diez requisitos anteriores, luego la ética en la investigación, no es evaluable, es determinante para aceptar o no un manuscrito, y finalmente el estilo literario de la redacción científica, es solo arte y no ciencia.

Criterio número 1. El título

En el informe final de tesis el título es idéntico al enunciado del estudio, y no hay argumento capaz de oponerse a esto, puesto que el mejor título de una publicación es su propio enunciado, sin embargo existen muchos mitos relacionados a la extensión en número de palabras que debe tener un título.

El mundo de la publicación científica es más comercial que académico, si lo comparamos con las tesis, los autores de los artículos de una revista socializan su publicación a través de los diferentes medios disponibles, no así con sus tesis de bachiller, maestría y doctorado. Por esta razón en una revista un título puede ser distinto al enunciado del estudio.

Resulta que, en las revistas científicas, es posible que el título esté limitado a un número determinado de palabras, incluso existen las revistas en que, no son las palabras, sino los caracteres del título, los que están limitados, y aunque las razones más que científicas, son de carácter comercial, así sucede.

Un título más llamativo, atrae un mayor número de lectores a la publicación y por tanto un mayor número de ventas, ello lo sabe bien la industria de la publicación científica, siempre en búsqueda de una gran audiencia, y por ello permiten hacer mutilaciones al enunciado del estudio, para colocarlo como título del estudio.

Puntuación. Ganan un punto los estudios que colocaron un título a su informe final, idéntico al enunciado de su estudio, es decir que contenga, el propósito del estudio, la línea de investigación y la población de estudio, con el menor número de palabras posible, sin sacrificar la gramática que integra sus elementos que lo componen.

Criterio número 2. El resumen

El Resumen puede considerarse como una versión en miniatura del informe final; debe ser autoexplicativo y autónomo; de tal forma que, no sea necesario leer todo el informe final para comprender su intención y sus resultados.

El resumen no debe contener información o datos que no se encuentren en el extenso, por lo que, es razonable escribirlo después de haber redactado el informe final. El resumen desagrega el propósito del estudio a través de sus objetivos, muestra los principales métodos utilizados, expone los resultados más importantes y las principales conclusiones.

El resumen puede ser estructurado o no estructurado, es estructurado si su contendido se separa en párrafos y cada uno de ellos comienza con las palabras: **objetivos, métodos, resultados y conclusiones**, se denomina no estructurado si contiene exactamente lo mismo, pero no se separa en párrafos y no lleva expresamente las palabras mencionadas

El resumen no contiene citas bibliográficas, no contiene referencias a tablas o a figuras, se redacta en tiempo pasado, no contiene siglas ni abreviaturas, y aunque su longitud esta en relación directa con la longitud del informe y la importancia del mismo; se puede exigir un máximo número de palabras que en término medio sueles ser de 250.

Puntuación. Ganan un punto los estudios que cuentan con un resumen ya sea estructurado o no estructurado, que contienen al objetivo específico, a los métodos, los resultados y las conclusiones; en estricto no contienen nada de lo que no se pueda verificar en el extenso del informe, no contienen siglas ni abreviaturas y no exceden una página en el documento.

Criterio número 3. La introducción

Para evaluar la introducción, hay que partir de un principio, y este principio es que los investigadores no investigamos problemas, sino líneas de investigación, de manera que es incorrecto hablar de "el planteamiento del problema" lo correcto es "el planteamiento de la línea de investigación"

La introducción en un texto científico que no equivale al prólogo de un libro, tiene segmentos como el planteamiento de la línea de investigación, la sección donde deben aparecer todos los criterios por los cuales el autor ha elegido su línea de investigación: pasión, dominio, vocación, necesidad, experiencias, expectativas, futuro, misión o propósito de vida.

Luego el autor debe poner en evidencia, el vacío del conocimiento dentro de su línea de investigación, esto corresponde al propósito de su estudio y debe justificar la necesidad de cubrir ese vacío en su propia población de estudio, con la intención de dar continuidad a su línea y más adelante beneficiar directa o indirectamente a esta misma población

Finalmente debe analizar la factibilidad del desarrollo de su propósito investigativo con el estado actual del conocimiento "el estado del arte" dentro de su línea de investigación, luego de una búsqueda y revisión exhaustiva de antecedentes investigativos dentro de su línea de investigación, reconocer los alcances y limitaciones de su estudio.

Puntuación. Ganan un punto los trabajos que, definen con claridad enmarcarse dentro de una línea de investigación, plantean un propósito investigativo específico dentro de esa línea y justifican con claridad este propósito, como una necesidad de conocer mejor a su población de estudio, a fin de trazar una ruta que mejore las condiciones de vida, de la misma.

Criterio número 4. Los objetivos

Todo trabajo de investigación tiene un solo objetivo específico (inferencial), el nombre de específico se deriva de la especificidad o hecho específico que se desea conocer, ese componente del enunciado que autores lo definen como **finalidad cognoscitiva**.

Conocer un aspecto adicional, dentro de nuestra línea de investigación, es solo eso, es insuficiente para resolver el problema, pero sí, que contribuye a su solución, dicho de otro modo, contribuye a la línea de investigación, por eso, el propósito del estudio es la razón de ser del estudio y para poder ser alcanzado debe ser expresado en términos operativos.

Es posible que para alcanzar el objetivo específico, se necesiten de pasos intermedios, estos pasos intermedios también son objetivos, considerados como de menor rango, porque no son inferenciales. Aparecen al final de la introducción del informe final, como un complemento del objetivo específico o inferencial.

Adicionalmente, en caso de existir una **hipótesis**, este es el lugar adecuado para colocarlo, tanto en el informe final de tesis como en el artículo científico, en caso de no existir hipótesis, el objetivo del estudio expresa la intencionalidad de hacer la estimación puntual para la inferencia estadística.

Puntuación. Un punto para los que mantienen el o los objetivos del estudio en plena concordancia con el propósito del estudio, es irrelevante si estos objetivos se plantean como interrogantes básicas, y en caso de hacerlo, no redundar con objetivos e interrogantes que expresan exactamente lo mismo.

Criterio número 5. Los métodos

En los reglamentos de las revistas científicas, la palabra métodos, hace referencia tanto a los materiales como a los métodos, esto porque los materiales son poco relevantes al lado de, los métodos necesarios para el desarrollo del estudio.

Independientemente del tipo, nivel y diseño del estudio, cada variable de las unidades de estudio, requieren de una **técnica** de recolección de datos, así que pueden enlistarse tantas técnicas como variables participantes, no puede haber una sola variable para la cual, no se le haya asignado una técnica de recolección de datos.

Las **estrategias** de recolección de datos, corresponden a la forma en que se aplicaron las técnicas de recolección de datos, así por ejemplo la entrevista puede ser presencial o telefónica, la encuesta puede ser auto administrada o herero administrada, todo esto en función a la factibilidad y la exactitud de las mediciones.

En los estudios experimentales, los **procedimientos** incluyen al "paso a paso" de la manipulación controlada, en los estudios prospectivos observacionales, corresponden al "paso a paso" que se ejecutará para controlar los sesgos de medición, en los estudios retrospectivos corresponde a la forma en que se accederá a la información.

Puntuación. Se otorga un punto a los estudios que enlistan las técnicas, estrategias y procedimientos para cada una de las variables participantes, la ausencia de alguna técnica, estrategia o procedimiento para alguna variable se considera insuficiente, y el exceso de técnicas, estrategias o procedimientos, se consideran impertinentes.

Criterio número 6. Los materiales

Si comparamos a la investigación científica a una receta de cocina, los materiales corresponden a los ingredientes y los métodos corresponden a la preparación, así que los materiales son los insumos necesarios para desarrollar todo lo que los métodos se proponen.

La sección de materiales incluye a los **instrumentos de medición**, ya sean mecánicos o documentales utilizados para obtener el valor final de medición de las variables correspondientes a las unidades de estudio, identificando claramente si se trata de un instrumento patrón, o si está limitado a un instrumento de tamizaje.

Esta sección incluye a los **materiales de verificación**, que desde el punto de vista de la observación científica corresponde a los medios de observación, como por ejemplo, la placa radiográfica, que no es un instrumento porque no mide nada, sino simplemente es un medio para poder observar los pulmones de un paciente.

Aquí también anotamos los **recursos**: ya sean recursos materiales, como el microscopio, los recursos técnicos, como las placas de cultivo, los recursos humanos como el personal técnico, y los recursos financieros como el presupuesto necesario para solventar cada uno de los pasos desarrollados para alcanzar el propósito del estudio.

Puntuación. Gana un punto el informe final que identifica y separa claramente a los instrumentos de medición ya sean mecánicos o documentales, los materiales de verificación a los que tiene acceso y los recursos de los que dispone; así como su fuente de financiamiento, declarando conflictos de interés en caso de existir.

Criterio número 7. Los resultados

Los resultados deben estar estrictamente relacionados con el propósito del estudio, dentro del marco del objetivo inferencial, en ese sentido los resultados deben considerar, en orden de presentación, tres segmentos importantes.

La primera sección de los resultados corresponde a la **caracterización** de la población de estudio, esto no es más que un resumen descriptivo de todas las variables participantes; siendo que en el informe final de tesis, no aparece el cuadro de operacionalización de variables, esta primera sección corresponde a este aspecto.

La segunda sección de los resultados corresponde a la presentación de los objetivos operacionales, es decir a esos pasos intermedios que se requieren completar para alcanzar el único objetivo inferencial del estudio, me estoy refiriendo al objetivo específico correspondiente al propósito del estudio.

La tercera sección corresponde a la presentación de los hallazgos que tiene como fin dar respuesta al objetivo específico que, corresponde al propósito del estudio, para lo cual se utilizarán diversos formatos, como tablas o gráficas, según se logre con mayor eficiencia la finalidad comunicativa del informe final.

Puntuación. Calificar con un punto a la sección de resultados que presenta tablas o gráficas que satisfacen el objetivo específico, en caso de existir objetivos operacionales los presenta de manera complementaria y adjunta una descripción univariada de todas las variables participantes, de la forma más simplificada posible.

Criterio número 8. La discusión

Existe una relación tan íntima entre los resultados y la discusión de los mismos que el formato IMRD los consigna en un mismo capítulo, y razón no les falta, lo que si les falta es un poco de criterio a la hora de ordenar mejor los componentes de una población.

La discusión contiene dos momentos, el primero contiene a: la descripción, análisis e interpretación de resultados, el segundo momento contiene a la comparación con otros estudios, la relevancia clínica y apreciación personal del investigador, adicionalmente al planteamiento de las nuevas hipótesis pero eso lo pondremos en recomendaciones.

La descripción, análisis e interpretación de resultados, pueden estar contenidos perfectamente en la sección de resultados, por esta razón para algunos autores la discusión está contenida en los resultados y para otros sucede exactamente al revés, sin embargo por cuestiones de orden los evaluaremos y calificaremos en forma independiente.

La comparación con otros estudios, la relevancia clínica y apreciación personal del investigador, serían la discusión propiamente dicha, y esta es la sección donde se espera que el investigador plantee todos sus razonamientos y teorías, que si bien no cambiarán las conclusiones, marcarán el rumbo de la línea de investigación.

Puntuación. Ganan un punto los estudios que contrastan sus resultados con otros estudios, consideran la relevancia clínica, que es el contraste de resultados con su propia experiencia, y plantean razonamientos a partir de los dos pasos anteriores, en un sentido estricto de dar continuidad a su línea de investigación.

Criterio número 9. Las conclusiones

Para efectos de orden, cada conclusión se presentará en un párrafo por separado, de tal modo que se presentarán tantos párrafos como objetivos posea el estudio (objetivo específico + objetivos operacionales), más una conclusiones general relacionada al propósito del estudio.

Un error por defecto, es omitir una conclusión relacionado con un objetivo propuesto preliminarmente, en este caso, la sección de las conclusiones se califica como insuficiente, significa que el estudio está incompleto, eliminar el objetivo en cuestión es un replanteamiento serio del estudio, que solo puede ser aceptado por unanimidad de los evaluadores.

Un error por exceso, es colocar una conclusión no relacionada con ninguno de los objetivos, situación mucho más frecuente que lo comentado anteriormente, no significa una falta grave, pues solo es necesario eliminar el contenido impertinente, solo que suele acompañarse con mucha frecuencia con los errores por defecto.

Cuando la conclusión relacionada con el propósito del estudio, está contenida en las conclusiones anteriores, puede suprimirse, pero cuando esta conclusión es una deducción de las conclusiones anteriores, no puede quedar implícita, sino que debe escribirse para dejar en claro que se ha completado el propósito del estudio.

Puntuación. Se le asigna un punto a los estudios que presentan un párrafo por cada objetivo presentado preliminarmente, más una conclusión relacionada al propósito del estudio, aunque la separación de este contenido en párrafos no es obligatorio, no pueden existir contenido por exceso ni por defecto.

Criterio número 10. Las recomendaciones

Las recomendaciones nacen estrictamente de los resultados y su discusión, en el marco de la línea de investigación y sin escapar de los límites del propósito del estudio; y en ningún caso de las dificultades que se presentaron en relación a la factibilidad del estudio.

Una recomendación es como un nuevo objetivo, pero no para el estudio que acaba de concluir, sino para el siguiente estudio, dentro de la misma línea de investigación, este nuevo objetivo es una consigna para el propio investigador, y una invitación abierta a todos los investigadores que compartan la misma línea de investigación.

Plantear recomendaciones es plantear nuevas finalidades cognoscitivas nuevas intenciones analíticas, ya sea a nivel de prueba de hipótesis o estimación puntual, es sugerir nuevos propósitos, su función es darle continuidad a la línea de investigación. Lo más aberrante que podemos encontrar en esta sección es la frase "Se requieren más estudios"

Las recomendaciones impertinentes, son aquellas que no están relacionadas a la continuidad de la línea de investigación, por ejemplo luego de realizar un estudio de prevalencia de diabetes, no podemos recomendar que se redacten mejor las historias clínicas, porque eso corresponde a otro problema que no nos concierne en este momento.

Puntuación. Ganan un punto los estudios que plantean nuevas finalidades cognoscitivas, proponen nutrir la línea de investigación, no se distraen proponiendo extrañezas no relacionadas con la línea de investigación, pero sobre todo evitan utilizar la frase "Se requieren más estudios" o cualquier frase equivalente.

Tercera Parte

La sustentación

Un proyecto de investigación o plan de tesis impecable acompañado de un informe final libre de errores, no es garantía de que, quién dice ser el autor del estudio, sea realmente quién lo ha conducido. Este es el principio por el que, se debe celebrar presencialmente la sustentación de tesis, compuesta por tres fases, la primera correspondiente a la presentación, la segunda correspondiente a la defensa y la tercera a la deliberación.

La sustentación de tesis no tiene por objetivo revisar la calidad del trabajo de investigación, por lo mismo que, tanto el proyecto como el informe final de tesis ya pasaron por un escrutinio o evaluación, la sustentación de tesis, lejos de ser un mero formalismo, es requisito administrativo para corroborar públicamente que se ha concluido un trabajo de investigación al que se le da, un visto bueno.

La sustentación de tesis es un acto público, ello lo convierte en algo más que una simple evaluación del alumno, la condición de acto público lo convierte en una manifestación de transparencia, de la institución que graduará o titulará a un nuevo miembro, hacia la comunidad científica y a la comunidad académica en general.

El postulante al título a grado académico debe demostrar ante un jurado calificador y una audiencia no relacionada con la institución que celebra el acto público, que ha realizado un trabajo de investigación y que ello amerita recibir su nuevo título o grado académico; grabar en vídeo tal celebración no debería recibir obstáculos.

La única razón por la cual se debiera desaprobar a un estudiante en el proceso de la sustentación de tesis, es cuando queda en evidencia que el postulante al título o grado académico, no puede demostrar ser el autor del estudio o de haber conducido el trabajo de investigación, lo cual correspondería a una falta administrativa y legal.

Es inaudito que, el jurado de tesis, proponga modificaciones sustanciales tanto al proyecto como al informe final de tesis en plena sustentación, ello solo demuestra su ausencia, en el proceso de revisión del trabajo del alumno, y en caso de ocurrir, lo que se debe cuestionar es el trabajo profesional de los evaluadores.

El cumplimiento de las citas y referencias bibliográficas son obligatorias, pero la ausencia del formato idóneo, no debe distraer la atención de lo esencial, solo exigir que se cumpla, la ética en la investigación es irreemplazable y en caso de ser necesario, se solicitará un documento que acredite que el estudio fue visto por un comité de ética.

Momento número 1. La presentación

Lo importante es divertirse, divertirse en el mejor y más positivo sentido de la expresión, el presentador que sufre es un presentador que fracasa, los jurados de tesis notan el temor o el apuro del tesista igual que, el toro percibe el miedo del torero.

La presentación de la tesis debe comenzar con la frase "**Mi línea de investigación es…**" y a continuación enunciarla en menos de 15 segundos, para la luego continuar con la frase "**Elegí esta línea de investigación porqué**…" denotando pasión, dominio, vocación, necesidad, experiencias, expectativas, futuro, misión o propósito de vida. Todo en 60 segundos.

En seguida se debe dar lectura al enunciado del estudio y en menos de 5 minutos desarrollar los métodos utilizados, para alcanzar los resultados que se mostrarán a continuación, y haciendo alusión a los materiales, solo en los casos, en que sea estrictamente necesario, para la presentación de resultados.

Luego presentar los resultados en forma muy consistente en un tiempo aproximado de 10 minutos, para luego enumerar las conclusiones y plantear las recomendaciones, en un sentido estricto de compromiso personal y/o búsqueda de lograr que otros investigadores se interesen por el tema, todo en el poco tiempo que resta para completar los 20 minutos de presentación.

Evaluación. Un alumno que es capaz de, despertar el interés en la audiencia por la línea de investigación que ha elegido, y sensibilizar acerca de la necesidad de estudiarla, muestra compromiso con su población de estudio, justifica el propósito de su estudio y comunica con precisión sus resultados, demuestra que es el autor del estudio.

Momento número 2. La defensa

Aún si la presentación de resultados ha sido impecable, algún suspicaz podría pensar que, el alumno se ha aprendido su discurso de memoria, por ello se debe complementar la presentación de tesis con una sección de preguntas y respuestas que no siguen un formato predefinido.

La defensa de la tesis es, desde el punto de vista científico, una entrevista de investigación, específicamente una entrevista abierta, que no sigue reglas, más bien es holística, sus únicos límites son los de la ciencia misma, y temáticamente los de la línea de investigación, se debe hacer el máximo esfuerzo para evitar el sesgo del evaluador.

Estas son las condiciones deseables en las que se deben hacer las preguntas: reflexivas, objetivas, curiosas, ordenadas, honestas, competentes, los jurados que no sean capaces de elaborar preguntas enmarcadas dentro de la ética y alejadas de conflictos de interés, deben eximirse de hacer interrogantes que, idealmente deberían quedar grabadas en vídeo.

Tanto las preguntas del jurado como las respuestas del tesista deben ser puntuales y objetivas, relacionadas estrictamente a la línea de investigación, los métodos investigativos y al análisis estadístico, los planteamientos hipotéticos quedan para los minutos que sobran y no son sujetos a evaluación.

Evaluación. Los alumnos que responden sin titubeo a las preguntas planteadas por los miembros del jurado, demuestran solvencia en su línea de investigación, argumentan con claridad, y en el caso de recurrir a fuentes externas, lo hacen casi al mismo tiempo del que discursan, corrobora su autoría sobre el estudio que acaba de presentar.

Momento número 3. La deliberación

Una deliberación es privada, participan únicamente los miembros del jurado y no debe ser registrado bajo ningún medio físico ni electrónico, ya sea audio o vídeo, cualquier tipo de registro viola los principios de la deliberación, con sus respectivas consecuencias para el registrante.

Existen dos cuestiones a discutir entre los jurados al momento de la deliberación, el primero es la aceptación del nuevo miembro a la orden de titulados o graduados, el segundo es el calificativo que se le va a otorgar al trabajo de investigación realizado, sin tener en cuenta la línea de investigación, ni del tesista ni de los jurados.

Si un alumno ha llegado al proceso de la sustentación, merece ser aprobado a menos que, a partir de la presentación y/o defensa, se haya podido concluir por mayoría en que, el alumno que postula al título o grado académico, no es el autor del trabajo de investigación en cuestión, es decir se trata de una suplantación de autoría.

Si por mayoría o unanimidad se concluye que el alumno, si es el autor del estudio, entonces se procede a una evaluación cuantitativa, en el que se tendrá en consideración, el proyecto de investigación, el informe final de tesis y la sustentación de tesis, en las proporciones que su expertica les indique, puesto que se trata de una evaluación subjetiva.

Evaluación. Debe ser aprobado el alumno que demuestra ser el autor del trabajo de investigación que se está sustentado, y su calificación si bien es subjetiva, no debe reflejar el esfuerzo desplegado por el alumno, sino su grado de compromiso con su línea de investigación y su población de estudio a la cual ha estudiado.

Evaluar la calidad de un trabajo de investigación

La investigación científica es un proceso que se desarrolla con el fin de completar una línea de investigación, evaluar la calidad de un trabajo de investigación, es evaluar la calidad del proceso, es evaluar cada etapa del proceso usando los propios principios de la ciencia.

Es contradictorio intentar evaluar la calidad de un trabajo científico, sin utilizar los propios principios de la ciencia; la ciencia es verificable, y por ello la evaluación de la calidad de un trabajo de investigación en dos o más ocasiones debe entregar el mismo resultado, a esta condición en el control de la calidad se le denomina Repetibilidad.

Solamente un proceso sistemático garantiza la Repetibilidad, un manual, una guía, un instrumento de evaluación, permite eliminar la incertidumbre a la hora evaluar; de tal modo que, si dos evaluadores revisan el mismo trabajo de investigación el resultado debe ser el mismo, a esta condición en el control de la calidad se le denomina Reproducibilidad.

Repetibilidad y reproducibilidad son dos componentes de precisión en un sistema de medición, son herramientas de la ciencia al servicio de la evaluación de un trabajo de investigación, así evitamos el "bloqueo" de la graduación por tesis, derivado de la posición intransigente que suelen adoptar algunos jurados de tesis.

La mejora continua de la calidad de los trabajos de investigación debe ser un tarea progresiva, a fin de evitar que se exprese la resistencia al cambio en las partes involucradas, a continuación enlistamos una serie de recomendaciones aplicable a la tesis impresa, es decir al proyecto e informe final, mas no a la sustentación.

Paso 1. Dirígete a la biblioteca de tu escuela profesional o facultad a la cual se deseas aplicar el presente instrumento y extrae una muestra piloto de 20 trabajos de tesis publicados en el último año, luego evalúa el cumplimiento de los 20 criterios enlistados en el presente documento, otorgándoles un puntaje de cero a veinte.

Paso 2. Ordena estos 20 trabajos de tesis según su puntuación de mayor a menor, o en orden descendente. Al 80% superior que en este caso son 16 trabajos de tesis, los calificaremos de **"conforme"** y al 20% con menor puntaje, que en este caso son 4 trabajos de tesis, les otorgaremos el calificativo de **"no conforme"**

Paso 3. Identifica el puntaje mínimo alcanzado en el grupo denominado "conforme", a este puntaje lo denominaremos **línea de base**, y en lo que resta del año académico, todos los trabajos de investigación que alcancen y superaren esta línea de base, recibirán su aprobación junto con una manejable lista de recomendaciones.

Paso 4. Los trabajos de investigación que no alcancen la línea de base, no deben ser desaprobados, sino devueltos a sus autores, para que adecúen el documento a los criterios de evaluación, de esta forma aseguramos que, todos los trabajos de investigación sean mejores que, antes de instaurar la utilización del presente instrumento.

Paso 5. En pro de la mejora continua, registrar en todos los casos, no solamente el puntaje alcanzado, sino también los criterios cumplidos y no cumplidos en cada trabajo de investigación, esta información será utilizada más adelante para la mejora continua del proceso de enseñanza-aprendizaje de los cursos de investigación científica.

Paso 6. Al iniciar el siguiente año académico, establecer una nueva línea de base, en función a todos los trabajos de investigación presentados el año anterior, luego de haber adoptado el instrumento para evaluar la calidad de un trabajo de investigación, utilizando el principio de Pareto, es decir separando el 80% mejor calificado del 20% peor calificado.

Paso 7. Utilizando los mismos estudios identificados en el paso anterior, elaborar una tabla de frecuencias con los criterios de calidad que no se cumplieron en los trabajos de investigación, la identificación de los criterios deficitarios en las tesis, servirá modificar los sílabos y programación de las asignaturas correspondientes.

Paso 8. Repetir los pasos cinco y seis cada año teniendo en cuenta que una nueva **línea de base** nunca puede ser inferior a la del año anterior; a partir del quito año, de adoptar el instrumento para evaluar la calidad de un trabajo de investigación, construir un gráfico de control o monitoreo, en el eje de las abscisas colocar los años, y en el eje de las ordenadas la línea base.

Paso 9. Notarás que, con los años, la línea base se estabiliza, es decir que alcanza una meseta, a partir de este punto, podemos realizar estudios de concordancia entre evaluadores, reevaluando los trabajos de tesis, que ya están en la biblioteca, con diferentes evaluadores, al usar el mismo instrumento, el resultado debiera ser el mismo.

Paso 10. El proceso de graduación por tesis, no es un examen de conocimientos con fecha límite, por lo tanto no puede recibir un calificativo de aprobado y desaprobado, sino solamente de conforme y no conforme, los estudios no conformes deber ser devueltos y en caso de no subsanar las observaciones señaladas, deben ser considerados en abandono.

¿Quieres saber más?

www.sincie.com